LA HOUILLE ET LA VAPEUR

C.

Paris. — Imprimerie de P.-A. Bourdier et Cie, 6, rue des Poitevins.

LA HOUILLE ET LA VAPEUR

MÉMOIRE

POUR

M. POTEL (Jérôme-Jean)

INGÉNIEUR-MÉCANICIEN

PAR

TEXTOR DE RAVISI

Officier de l'Ordre impérial de la Légion d'honneur
Ancien officier supérieur d'infanterie de la marine, Membre correspondant de plusieurs Sociétés savantes, Percepteur des contributions directes à Bohain (Aisne)

PARIS

LIBRAIRIE SCIENTIFIQUE, INDUSTRIELLE ET AGRICOLE

Eugène LACROIX, Éditeur

LIBRAIRE DE LA SOCIÉTÉ DES INGÉNIEURS CIVILS

15, QUAI MALAQUAIS, 15

1865

Lettre de M. Textor de Ravisi *à M.* Potel.

Bohain, le 10 février 1865.

Monsieur,

Je vous retourne la petite note de renseignements que je vous avais demandée en communication.

Le mémoire ci-joint vous montrera l'emploi que j'en ai fait, et comment, également, j'ai utilisé les conversations que j'ai eues avec vous concernant vos découvertes et vos inventions.

Je connais trop, par un vieil ami et par moi-même[1], les déboires qu'éprouvent la plupart des inventeurs *inconnus* pour n'avoir pas compati à votre intéressante situation. Du jour où une première rencontre fortuite a commencé à vous faire connaître à moi, j'avais résolu de vous venir en aide, ainsi que j'ai eu le plaisir de le faire pour plusieurs en pareille circonstance: la réussite de vos projets est votre moyen d'existence et de fortune. D'ailleurs, j'ai considéré mon intervention désintéressée comme un devoir de bon citoyen à remplir.

Vos découvertes, si elles sont aussi sérieuses que je le pense, profiteront, en effet, aux intérêts généraux de l'empire, et, en particulier, à ceux de la marine, dont les intérêts me seront toujours chers, et à ceux de la contrée industrielle où m'ont appelé mes nouvelles fonctions.

Vous pouvez donc faire du présent mémoire, que j'ai écrit en votre faveur, l'usage que vous jugerez convenable au mieux de vos intérêts.

Vous avez lutté jusqu'ici avec persévérance, mais aussi sans succès, pour faire connaître et apprécier vos découvertes et vos inventions : le moment de la réussite me paraît enfin arrivé pour vous. En effet, le décret de Sa Majesté du 25 janvier dernier sur la fabrication et l'établissement des machines et chaudières à vapeur « *ouvre pour l'industrie une ère de liberté et de progrès*[1], » dont le résultat pour vous (j'en ai le ferme espoir) sera de vous faire recueillir la récompense méritée de vos peines et de vos labeurs.

Veuillez me croire,

Monsieur,

Votre tout dévoué,

TENTOR DE RAVISI.

LA HOUILLE ET LA VAPEUR

MÉMOIRE

POUR

M. POTEL (Jérôme-Jean)

INGÉNIEUR-MÉCANICIEN

I

LA HOUILLE ET LA VAPEUR.

La vapeur est la principale force de travail et de puissance de la civilisation moderne. La houille est le combustible qui produit au plus bas prix de revient la plus grande quantité de vapeur. Indiquer le meilleur système pour brûler la houille, comme aussi un nouveau système pour utiliser plus avantageusement la force de la vapeur, tel est le double sujet que je vais esquisser dans ce mémoire.

La France, en 1863, a dépensé 153,342,592 quintaux métriques de houille, représentant une valeur de 217,063,958 francs, pour les besoins de ses fourneaux industriels et de ses foyers domestiques, pour ceux de ses navires de guerre et de commerce, de ses chemins de fer, de son agriculture, de ses industries de tous genres [1]. Sa consommation n'était, en 1789, que de 6,000,000 quintaux; en 1840, elle s'élevait à 42,900,000 quintaux.

« La vapeur est aujourd'hui l'agent presque universel de l'industrie. Chaque jour augmente le nombre des machines à vapeur existant en France. En 1850, il y en avait 6832; en 1863, le nombre s'en élevait à 22,516 représentant une force de 617,890 chevaux-vapeur, ou de 1,853,670 chevaux de trait, ou encore de 12,975,690 hommes de peine, c'est-à-dire supérieure à celle de tous les hommes en état de travailler qui existent dans le pays [2]. »

C'est ainsi que s'exprime S. E. le ministre Armand Béhic dans le magnifique rapport qu'il a adressé à l'Empereur sur la fabrication et l'établissement des machines et des chaudières à vapeur pour lui faire agréer le décret du 25 janvier 1865 [3].

Les chiffres qui précèdent ayant établi l'importance nationale qui s'attache aux questions de la houille et de la vapeur;

Réduire la consommation du combustible minéral

de 20 ou de 30 0/0, selon la forme des fourneaux, sur les quantités actuellement consommées, tout en produisant la même quantité de chaleur que celle qui est obtenue ;

Et réduire, par de nouveaux systèmes mécaniques, la main-d'œuvre industrielle et agricole de 20, 30 et 45 0/0, selon les opérations à exécuter ;

Serait procurer à l'État et aux particuliers une économie annuelle qui ne peut s'évaluer que par des millions de francs.

M. Potel, ingénieur-mécanicien, actuellement à Saint-Quentin, prétend faire arriver à ces magnifiques résultats !... Ce serait pour la France une découverte plus précieuse, assurément, par ses heureuses conséquences, que celle d'un gisement aurifère.

Notre production houillère ne suffit pas, en effet, à nos besoins. D'après l'exposé de la situation de l'empire pour 1863, la production indigène est de 100 millions de quintaux métriques livrés au prix de 117,500,000 francs. Bien que le produit de nos mines ait doublé depuis dix ans, nous restons, néanmoins, tributaires de l'étranger, c'est-à-dire de la Belgique, de l'Angleterre et de l'Allemagne, pour 53,342,692 quintaux ou pour 99,563,958 francs[6].

L'initiative privée, aidée par les traités de commerce, complète l'insuffisance de notre production en temps de paix. Il n'est pas question ici des prix supérieurs de revient[7]. Cette situation n'en est pas moins mauvaise : A un moment donné, les intérêts de notre industrie peuvent en souffrir beaucoup. Malgré tout ce qui a été dit en faveur du système du libre échange, pouvoir se suffire à soi-même, sera toujours pour un peuple la meilleure situation à rechercher. Vienne la guerre! Formidable éventualité, sans doute, néanmoins, qui doit être mise en ligne de compte quand il s'agit des grands intérêts du pays!... Nos besoins, loin de diminuer, augmenteront par les nécessités des armements maritimes. Jusqu'à ces derniers temps, notre marine ne consommait que des charbons anglais.

La production houillère passe avant toute autre production industrielle. C'est un axiome en Angleterre où l'on ne cesse de répéter dans toutes les occasions solennelles : « Nous sommes forts, parce que nous produisons plus de houille que tout le reste de l'Europe[4]. »

Oui, certes, l'Angleterre produit plus de houille que toute l'Europe, même plus que l'Amérique, plus que toutes les nations réunies. Don de la nature, la houille abonde en Angleterre: c'est une des grandes sources de sa puissance. Elle est distribuée en France avec parcimonie. L'Angleterre produit neuf fois plus de houille que la France, et l'exploitation s'y développe sans cesse. En 1800, elle était de 13,000,000 tonnes; elle s'est élevée à plus de 86,000,000 tonnes en 1863, malgré ses grèves d'ouvriers. La tonne vaut 6 francs sur les carreaux de ses mines et 10 francs sur les nôtres !

Et, cependant, notre industrie est obligée de lutter avec l'industrie étrangère par suite des nouveaux traités de commerce.

Assurons donc, au moins, à nos industries métallurgiques et à nos fabrications manufacturières le combustible minéral qui leur est indispensable !

Mais où trouver les 53,300,000 quintaux métriques de houille qui manquent à nos besoins ?

Les combustibles sont très-nombreux ; cependant, ceux qui peuvent être employés utilement dans l'industrie sont en petit nombre : ce sont ceux où le carbone prédomine[10]. Le charbon de terre est le combustible le plus économique[11]. Le bois, par son prix élevé, sa rareté et son rendement inférieur dans la production du calorique, n'est plus employé seul que dans les quelques contrées où il est encore abondant. Les méthodes fondées sur l'emploi des deux combustibles, bois et charbon de terre, se propagent de plus en plus dans les industries métallurgiques au plus grand avantage de la production nationale.

Les mines que l'Allemagne propose de nous céder et celles de Madagascar nous fourniront, me répondra-t-on, les charbons qui nous manquent?

Madagascar possède, en effet, entre autres richesses

naturelles, d'immenses dépôts de houille. Leur facile exploitation satisferait largement les besoins de toutes nos colonies (la Réunion particulièrement), de notre marine et de notre commerce dans l'océan Indien, qui sont tributaires, aujourd'hui, des charbons anglais. De plus, par le canal de Suez, les charbons malgaches seraient appelés, peut-être, à soutenir sur nos marchés métropolitains la concurrence des charbons anglais.

Le traité d'amitié et de commerce conclu entre la France et Madagascar (le 12 septembre 1862) et la fondation de la compagnie de Madagascar financière, industrielle et commerciale (autorisée par décret du 2 mai 1863) devaient, enfin, nous ouvrir la grande île africaine, la *France orientale* de Louis XIV.

Mais, par suite des tragiques événements dont elle vient d'être le théâtre et des menées hostiles des agents anglais, l'incertitude et le doute pèsent sur tout ce qui a trait à Madagascar. La situation actuelle n'est ni la paix ni la guerre; mais quelle que soit la solution à intervenir, c'est, malheureusement, l'ajournement des grandes et légitimes espérances que l'empire avait conçues dans ces lointains parages.

C'est le fait que je dois indiquer au point de vue houiller, le seul que je traite ici.

Les journaux *la France*, *le Constitutionnel*, *le Temps*, *le Glaneur*, ont annoncé, en novembre et en décembre derniers, que « des propositions avaient été faites au gouvernement français d'acquérir des mines de houille d'une étendue considérable, situées en Allemagne, tout près de la frontière de la France. Ces mines s'étendent sur une longueur de 40 kilomètres, avec une largeur de 16 kilomètres. On y compte cinq couches de charbon présentant une épaisseur de 10 mètres environ. La dernière n'est qu'à 45 mètres du sol, tandis qu'à Saarbruck, la dernière couche est à 600 mètres. Le produit annuel de ces mines est, aujourd'hui, de 60 millions de quintaux; mais il peut être aisément porté à 100 millions de quintaux et plus, sans donner lieu à la moindre crainte d'épuisement. »

Cette nouvelle est-elle exacte? Telle est la question. Si non! notre situation houillère reste la même. Si oui! notre consommation est assurée.

Mais notre consommation fût-elle complétement assurée, qu'une diminution sur le combustible, qui s'élèverait annuellement à des millions de francs *dépensés en pure perte*, n'en resterait pas moins une intéressante question.

Je répète donc ma demande : où trouver les 5,300,000 tonnes de houille qui nous sont nécessaires en *minimum*, c'est-à-dire sans admettre une augmentation dans notre consommation actuelle?

Une protection plus complète accordée à notre industrie houillère, qui assurerait son plein développement, semble pouvoir porter l'augmentation de sa production jusqu'à 2,000,000 tonnes. Cette protection, néanmoins, ne consisterait guère, dit-on, que dans l'admission du principe (et de ses conséquences), que « dans cette industrie les intérêts particuliers sont toujours dominés par l'intérêt général[1]. »

Les résultats réunis des mille perfectionnements qui sont à l'ordre du jour dans les machines et dans les outillages, une plus grande place donnée parmi les combustibles industriels aux naphtalines et aux gaz oléifiants[8], réduiraient, dit-on, la consommation du charbon de terre d'une quantité équivalant à plus de 1,000,000 tonnes.

Le résultat d'une application même *partielle* des systèmes de fumivorité et de mécanique de M. Potel paraît pouvoir diminuer la consommation du combustible de plus de 2,000,000 tonnes, tout en procurant la même production totale de l'effet utile.

Ces considérations générales indiquent la haute importance des intérêts engagés dans la double question de la houille et de la vapeur. Il serait donc à souhaiter vivement que les résultats annoncés par M. Potel fussent réels. Dans tous les cas, l'EXAMEN DE SES PROPOSITIONS doit être pris en considération sérieuse, car il s'y lie, comme on le voit, un intérêt public de premier ordre.

L'industrie s'ingénie à trouver des prix rémunérateurs, soit par la réduction des frais généraux, soit par une meilleure entente de fabrication. Les économies considérables que M. Potel offre lui viendront en aide.

II

SYSTÈMES DE FUMIVORITÉ ET DE MÉCANIQUE DE M. POTEL.

Il n'appartient qu'à M. Potel de divulguer ses systèmes de fumivorité et de mécanique et d'en présenter les formules d'application théorique et pratique. Je ne puis me permettre que d'indiquer leurs résultats et les considérations sommaires qui s'y rattachent.

Son SYSTÈME DE FUMIVORITÉ, pour résoudre l'économie du combustible dans la production de la chaleur, se résume ainsi : *Perfectionnements et innovations dans la construction des foyers fumivores* (*qu'il rend réellement dignes de leur nom*[14]), ayant pour objet de procurer une activité suffisante et réglée au courant d'air des cheminées et de brûler les gaz hydrogènes carbonés et oxydes de carbone formés par la combustion[11].

Il existe un grand nombre d'appareils fumivores; mais peu sont pratiques et surtout économiques.

Dans les meilleurs systèmes de fumivorité, actuellement en usage en France, en Angleterre et en Belgique, *en fait*, l'air ne sert qu'à diviser la fumée, mais il ne brûle que très-imparfaitement les gaz, et il ne détruit qu'en partie les flammèches ou noir de fumée; de plus, il refroidit le calorique développé au lieu de l'augmenter.

Ce n'est pas là le double but que l'on se propose de réaliser, soit au point de vue de l'économie de consommation du combustible, soit à celui de l'*incommodo* qu'atteint la nouvelle législation du 25 janvier 1865.

Le système de M. Potel a pour résultat définitif de rendre la combustion aussi parfaite que possible du combustible solide en ignition sur le foyer et du combustible gazeux monté dans l'espace libre au-dessus du foyer, c'est-à-dire de procurer la meilleure combinaison de l'oxygène avec les autres corps. Or, d'après les recherches de M. Despretz, « la chaleur dégagée dans tous les cas de combustion dépend de la quantité d'oxygène qui se combine avec le combustible. »

M. Potel a découvert le problème, jusqu'ici imparfaitement résolu, *industriellement parlant*, de la combustion presque totale de toutes les parties du combustible employées à la production du calorique[1]. *Son système,* parce qu'il est simple, sans mécanisme, *répond aux nécessités et aux exigences de presque toutes les industries et de tous les besoins domestiques.*

Il s'applique, en effet, à tous les genres de fourneaux, de foyers, de cheminées, de poêles et de chaudières, LES HAUTS FOURNEAUX EXCEPTÉS, *c'est-à-dire ceux où la matière première se trouve en contact direct avec le combustible.*

Que d'ateliers industriels où l'air est à peine respirable par les gaz à base acide carbonique qui s'échappent des fourneaux! Purifier l'atmosphère des tunnels et des ateliers, n'est-ce pas un service d'hygiène publique qu'il suffit de mentionner pour en indiquer l'importance?

« L'inconvénient de la fumée est celui qui est le plus incommode aux voisins [2]. » Aussi, le décret impérial du 25 janvier 1865, en cessant de ranger les machines et chaudières à vapeur au nombre des établissements insalubres et incommodes, a-t-il disposé (article 19) : « LE FOYER DES CHAUDIÈRES DE TOUTE CATÉGORIE DOIT BRULER SA FUMÉE [3]. »

S. E. le ministre Armand Béhic s'exprime ainsi dans son rapport à l'Empereur : « Depuis assez longtemps déjà l'administration est dans l'usage de prescrire, à tous ceux qui veulent établir des machines à vapeur, de brûler la fumée de leurs foyers; il existe aujourd'hui divers appareils qui réalisent, au moins d'une manière approximative et à peu de frais, ce grand avantage; il est juste d'en faire jouir le public d'une manière générale, au moment où l'on accorde à l'industrie des facilités aussi larges que celles qui doivent résulter du nouveau règlement. »

« Il paraît équitable toutefois d'accorder un certain délai pour se mettre en règle, quant à l'emploi d'un appareil fumivore, aux propriétaires de chaudières à vapeur auxquels cette condition n'aurait pas été imposée par leur acte d'autorisation ; un paragraphe spécial est ajouté à cet effet à l'article 19 ; le délai qu'il concède aux usiniers est de six mois. »

M. Potel arrive à brûler, non pas la *fumée*, ainsi qu'on le dit dans le langage ordinaire, mais outre les gaz combustibles, les fluides noirs ou brunâtres, c'est-à-dire les flammèches et la suie qui s'échappent des conducteurs de cheminées ou tuyaux ou qui s'attachent à leurs parois[12]. Non-seulement son système s'établit à très-peu de frais et réalise d'une manière complète le fait de *brûler la fumée des foyers*, mais, de plus, il réalise des économies considérables sur le combustible, tout en produisant la même quantité de calorique.

Que d'inconvénients évités dans les villes manufacturières par la suppression de ces masses de fumée qui appesantissent l'atmosphère et qui salissent les objets sur lesquels leurs parcelles se déposent ! Que de causes d'incendies supprimées pour des bâtiments de grande valeur, dont les assurances ne compensent pas les conséquences funestes qui résultent de leur perte !

Le savoir-faire des chauffeurs est actuellement un point capital. La différence de résultat utile, produit par un bon ou par un médiocre chauffeur, peut, en effet, aller jusqu'à 33 0/0. Le système de M. Potel supprime l'intelligence du chauffeur, diminue de moitié sa fatigue, et produit son effet utile avec le plus médiocre comme avec le meilleur chauffeur [13].

Le SYSTÈME MÉCANIQUE de M. Potel, pour résoudre l'économie de main-d'œuvre pour l'agriculture et pour l'industrie, se résume ainsi : *Un mécanisme rotatif donnant directement tous les mouvements et pouvant être arrêté instantanément.*

Il y a, dit-on, plus de 1200 brevets d'invention pris pour des machines rotatives. Et, cependant, aucune n'aurait encore réellement obtenu le résultat ambitionné! M. Potel, plus heureux, a-t-il résolu le problème? *Le fait que sa machine a fonctionné avantageusement pendant six mois dans son usine* serait, au moins, une présomption de succès.

Les machines de M. Potel sont, suivant leur destination, à basse, à moyenne ou à haute pression, mais quelle que soit leur catégorie [3] et qu'elles soient à demeure, locomobiles ou locomotives, elles présentent pour *principaux avantages* : de consommer un minimum de charbon, par l'application de son système de fumivorité et de produire un maximum d'effet utile avec ce minimum de combustible; de se loger dans un très-petit espace; de commander directement à toutes les vitesses, c'est-à-dire sans engrenage intermédiaire; d'éviter des frottements énormes, par suite de la simplification du mécanisme; de moins détruire les métaux, parce qu'elles marchent avec un mouvement rotatif continu, au lieu du va-et-vient produit par la manivelle actuelle; de pouvoir être mises en mouvement et arrêtées instantanément.

Cette dernière qualité rend la vapeur intelligente, si l'on peut parler ainsi; c'est-à-dire la soumet à la volonté de l'homme. Aussi, M. Potel présente-t-il à l'agriculture et à l'industrie de nouvelles machines d'un USAGE PRATIQUE facile : « La vapeur s'applique aujourd'hui dans une foule de circonstances où l'on ne supposait pas qu'elle dût jamais trouver place[2]. »

III

SA CARRIÈRE INDUSTRIELLE.

M. Potel est un de ces ingénieurs civils qui ont pour eux, avant tout, l'expérience et la pratique. Il est né le 18 décembre 1803, à Nantes (Loire-Inférieure). Son père était un serrurier-forgeron de marine, qui s'était acquis un grand renom d'habileté. C'est à cette excellente école pratique qu'il puisa, dès son enfance, les éléments de sa science. A seize ans, il entrait à l'usine impériale d'Indret comme monteur de machines.

M. Potel n'avait eu qu'une instruction primaire élémentaire. Aussi, n'est-ce qu'en passant ses récréations et une partie de ses nuits à l'étude des mathématiques que le jeune mécanicien put acquérir les connaissances spéciales indispensables à un ingénieur.

Dès 1834, malgré son jeune âge, il fut choisi pour directeur d'une usine de construction de machines, celle de M. Hermann, à Paris.

En 1836, il alla, en la même qualité, dans l'usine de M. Beauvisage, à Daours (près Amiens).

En 1839, à la mort de ce grand industriel, le premier teinturier et apprêteur de France à cette époque, M. Potel monta à Amiens, pour son propre compte, une usine de machines et d'appareils industriels.

L'établissement de M. Potel prit un rapide essor. Tout lui présageait un brillant avenir. Le système de machine perfectionné, qu'il venait d'inventer, donnait le mouvement à un outillage supérieur. Mais des faillites imprévues de plusieurs de ses commettants l'entraînèrent tout à coup dans leur ruine. (1841.)

M. Potel ne se découragea pas. Il monta un second établissement qui semblait avoir plus d'avenir que le premier. Le système de fumivorité, qu'il venait de découvrir, lui faisait réaliser des économies considérables sur le combustible, ce qui lui permettait de diminuer ses prix de revient. Mais des faillites, et trop de confiance dans ses correspondants d'affaires, provoquèrent encore sa ruine en 1848.

Depuis cette époque, M. Potel a entrepris de refaire son crédit et sa fortune en se livrant à l'exploitation des brevets d'invention qu'il a pris en France, en Belgique et en Angleterre.

IV

SES DÉCOUVERTES ET INVENTIONS.

Voici la nomenclature des brevets d'invention de M. Potel :

9 mars 1846. — Pour une machine à imprimer les couleurs sur toiles ou papiers.

8 mai 1846. — Pour un martinet à vapeur.

15 octobre 1846. — Pour un décompteur de métier à tisser.

13 août 1856. — Pour un système de locomotion universelle.

13 août 1856. — Pour une machine à vapeur rotative.

18 octobre 1862. — Pour innovations et principes nouveaux pour les foyers fumivores.

M. Potel prit, également, des brevets d'invention

en Belgique (août 1856), pour sa machine rotative et pour sa locomotive universelle, et en Angleterre (avril 1863) un double brevet pour ses foyers fumivores [15].

L'œuvre des découvertes de M. Potel ne se réduit pas à la nomenclature ci-dessus. Cet ingénieur annonce qu'il doit prendre encore les brevets d'invention dont les noms suivent.

Ces inventions, et celles qui précèdent, ont été expérimentées avec soin par M. Potel (les hélices exceptées) : elles lui ont donné les résultats qu'il en attendait.

1. Machine à vapeur rotative perfectionnée.

2. Locomotive à petite vitesse pour le labourage et pour le roulage sur les routes ordinaires.

3. Faucheuse continue mue par cette même locomotive.

4. Locomotive à grande vitesse pour desservir les routes ordinaires.

5. Pompe à jet continu pour élever l'eau dans les villes.

6. Nouvelle disposition d'hélices perfectionnées mues par des machines à vapeur rotatives.

La machine à imprimer de M. Potel donne la gravure en relief et non en creux, et plusieurs couleurs à la fois avec une seule gravure.

Son martinet agit directement sous l'action de la vapeur. Il supprime le bloc ou mouton.

Son décompteur produit la régularité du tissu.

Sa pompe de ville évite la déperdition considérable de force qu'offrent les moteurs actuellement employés.

Sa locomotive universelle présente deux avantages capitaux, entre autres : pouvoir se loger dans un très-petit espace et pouvoir s'arrêter *instantanément* sans courir risque de se briser, comme il arriverait pour les machines actuellement en usage.

Quels avantages inappréciables pour certaines industries, pour les bateaux de rivières, pour les navires de guerre !

Montée pour la petite vitesse, sa machine rotative est destinée à opérer les transports sur les routes ordinaires et à s'appliquer aux diverses opérations agricoles : labourer, faucher, etc., etc.,

Montée pour la grande vitesse, sa machine rotative fonctionnera sur les routes ordinaires avec une vitesse facultative pouvant atteindre celle des chemins de fer, et, de plus, monter et descendre des pentes de 10 à 12 centimètres par mètre.

En France, la pente des routes ordinaires ne dépasse pas $0^{m},07$ par mètre, afin que les voitures puissent descendre sans enrayer et que les chevaux puissent monter en trottant. La plus grande pente admise pour les voies ferrées n'est que de $0^{m},01$ par mètre.

Les hélices de M. Potel appliquées aux navires leur

procureront celles d'entre les qualités nautiques et guerrières que les marins recherchent comme étant les plus précieuses : une plus grande vitesse, par suite d'un meilleur refoulement de l'eau ; des évolutions à volonté, par une facilité complète de virements de bords qui pourront être effectués même sur place ; une sécurité plus grande, par le logement des hélices dans la coque du navire, à l'abri des projectiles, et par la possibilité de manœuvrer sans le secours du gouvernail avec deux hélices, ou bien avec une seule hélice et avec le gouvernail.

M. Potel se propose d'expérimenter ses hélices en les appliquant à un modèle de bâtiment ayant le type que j'ai recommandé à l'attention dans une bluette ichthyologique, LE COFFRE A QUATRE CORNES, que le journal l'*Illustration* a reproduit dans son numéro du 27 août 1864. Le principe de ses hélices est pris, en effet, dans le système que dévoile l'étude de ce poisson-type, c'est-à-dire qu'elles sont le perfectionnement d'un modèle fourni par la nature [16].

Le principe sur lequel reposent les divers systèmes actuels d'hélices est mauvais, suivant M. Potel, en ce sens qu'il déplace et refoule l'eau formant le vide contrairement au meilleur effet utile, d'où, par suite, l'annulation d'une partie de la force motrice.

Le décret impérial du 25 janvier 1865 ne concerne pas les machines des bateaux à vapeur : il les laisse sous la réglementation de l'ordonnance royale du 22 mai 1843. S. E. M. Armand Béhic s'exprime ainsi à cet égard : « Ces dispositions ne concernent que les chaudières autres que celles qui sont placées sur les bateaux. Pour ces dernières, il pourra y avoir lieu sans doute de modifier en quelques points les règlements actuels, mais à raison de la destination spéciale des bateaux à vapeur, qui est le transport des personnes, et de la gravité des accidents dont par là même ils peuvent être le théâtre, il est impossible de ne pas les astreindre à des mesures de précautions spéciales. »

C'est surtout à bord des bateaux à vapeur que les systèmes de fumivorité et de mécanique de M. Potel seront excellents, complétés surtout par son système d'hélices : ils assureront au plus haut degré la sûreté, la facilité, l'économie et la rapidité de la navigation. Enfin, les aménagements disponibles seront augmentés dans la proportion de la réduction du volume de la machine et du charbon économisé. Or l'on sait combien la place est chose précieuse à bord d'un navire, et, cependant, la quantité considérable que le charbon et la machine en exigent.

M Potel viendra donc en aide, par ses découvertes, à l'industrie des transports maritimes, qui est depuis longtemps l'objet d'une attention toute particulière de la part de l'Empereur.

V

SES RÉCOMPENSES ET EMPLOIS.

M. Potel ne chercha jamais à provoquer l'attention publique. Il n'a exposé qu'à Amiens, en 1840 et 1845. Établi dans cette ville, les intérêts de son usine l'y avaient obligé. Il obtint pour ses machines, la première fois, une grande médaille d'argent, et, la seconde fois, une médaille d'or. Cette dernière récompense fut le prix d'honneur de l'exposition.

Pour l'Exposition universelle de Paris de 1855, M. Potel avait construit le modèle en petit de sa locomotive universelle. Il lui avait coûté 3,000 francs. C'était, à ce qu'il paraît, un chef-d'œuvre pour le fini d'exécution. Mais, au dernier moment, il s'abstint d'exposer, réfléchissant qu'il n'était pas en mesure d'exploiter sa découverte et qu'étant livrée au public un plagiaire fortuné, qui y apporterait une modification légale, pourrait la lui ravir.

Cet ingénieur n'ambitionna jamais que ces modestes charges non rétribuées auxquelles tout bon citoyen doit se prêter, selon ses aptitudes personnelles. C'est ainsi qu'il a été, pendant 6 ans, membre du Conseil des prud'hommes d'Amiens, de cette justice de paix du travail qui rend de si grands services à l'industrie; pendant 22 ans, membre de la commission pour la réception des pompes à incendie et travaux du département de la Somme ; et, pendant 19 ans, membre du jury d'examen pour l'admission à l'École impériale de Châlons, de cette belle institution qui fournit à notre industrie tant d'ingénieurs mécaniciens et de chefs d'ateliers distingués.

VI

LETTRE DE LA DIRECTION GÉNÉRALE DES PONTS ET CHAUSSÉES ET DES CHEMINS DE FER.

Confiant dans l'importance de ses découvertes, mais obéissant aussi à la longue pression de ses amis, M. Potel se décida à soumettre directement à l'Empereur le plan de sa locomotive universelle : c'était le 7 mars 1857.

Dès le 11 mars, S. E. le Grand Chambellan lui en accusait réception ; et, dès le 20, un officier d'ordonnance lui écrivait : « L'Empereur a reçu votre lettre « du 7 de ce mois. Sa Majesté a apprécié votre com- « munication et m'a chargé de vous en remercier. « Elle m'a donné l'ordre de la transmettre à M. le

« Ministre de l'agriculture, du commerce et des tra-
« vaux publics. »

M. Potel, heureux et fier de ce bienveillant accueil de son souverain, se croyait arrivé au but de ses désirs. Mais le 29 juillet, il reçut la lettre suivante, que lui écrivit, pour S. E. le Ministre de l'agriculture, du commerce et des travaux publics, M. le Directeur général des ponts et chaussées et des chemins de fer :

« L'Empereur a donné l'ordre de me renvoyer, « comme rentrant dans les attributions de mon dé- « partement, le plan et la note descriptive que vous « avez adressés à Sa Majesté, concernant une machine « de votre invention, à laquelle vous donnez le nom « de locomotive universelle.

« L'examen auquel j'ai soumis le projet dont il « s'agit, a fait reconnaître que votre machine, loin « d'être universellement applicable, n'est qu'un appa- « reil locomobile beaucoup plus compliqué que ceux « dont l'usage commence à se répandre dans les « travaux agricoles.

« Quant au principe sur lequel repose votre système, « celui de l'unité de la roue motrice placée à l'avant, « outre que ce système ne pourrait être appliqué sur « les chemins de fer, puisqu'il nécessiterait l'établis- « sement d'un troisième rail central, je vous ferai « observer que ledit système n'est que la reproduc-

« tion d'une idée depuis longtemps connue et appli-
« quée, ainsi que vous pouvez facilement vous en
« assurer dans la galerie des machines en mouvement
« au Conservatoire des Arts et métiers.

« Je regrette, en conséquence, de ne pouvoir don-
« ner aucune suite à votre communication précitée. »

M. Potel fut douloureusement frappé de ce jugement de la direction générale des ponts et chaussées et des chemins de fer. Il se prit à douter de son invention. Il s'était trompé!

Mais, en voyant fonctionner sa machine-modèle, il répéta bientôt cette consolation suprême de tous les novateurs méconnus : « *Et cependant elle tourne!* »

Je ne parlais nullement, dit-il, d'appliquer ma locomotive aux chemins de fer actuels. Mon système, tout au contraire, se trouve opposé à l'extension des voies ferrées, car je fais marcher ma locomotive sur les routes ordinaires actuelles, c'est-à-dire sans le secours de deux rails. Or, la direction générale des ponts et chaussées et des chemins de fer m'objecte précisément que mon système nécessiterait l'établissement d'un troisième rail!

Mais si ma *roue motrice* placée à l'avant ne peut, évidemment, s'appliquer aux chemins de fer actuels, il n'en est pas de même de mon *système locomobile* : or, il est son principe de force motrice. Il peut s'appliquer aux locomotives de nos chemins de fer. Pourquoi donc cette fin de non-recevoir de la direction générale?

Je sollicitais une audience pour expliquer le système nouveau que j'avais découvert; car le plan et la note descriptive (par suite d'une réserve naturelle) ne donnaient qu'imparfaitement le secret que mon modèle expliquait *de visu*. Je désirais démontrer dans cette audience l'application universelle de mon système aux différents travaux de l'agriculture et de l'industrie. Or, la direction générale, s'appuyant sur la fin de non-recevoir qui précède, me répond qu'elle regrette de ne pouvoir donner aucune suite à ma communication.

M. Potel se laissa aller alors à un imprudent dépit. Il voulut protester contre la direction générale des ponts et chaussées et des chemins de fer par le seul pourvoi possible, en lançant sur la voie publique la locomotive condamnée. Il dépensa dans cette entreprise le reste de sa fortune.

La circulation des locomotives sur les routes ordinaires qui, en 1857, paraissait une application pratique irréalisable de la vapeur semble tellement à la veille d'être un fait accompli, que l'article 26 du décret du 25 janvier 1865 « prévoit le cas où les locomotives viendraient ultérieurement à circuler sur les routes de terre. Ce cas échéant, les conditions de cette circulation seraient fixées par un règlement spécial [3]. »

VII

EXPLOITATION DE SON SYSTÈME DE FUMIVORITÉ.

Ruiné une troisième fois, mais non découragé, M. Potel repoussa les offres de certains capitalistes qui lui proposèrent d'acheter sa découverte et de la faire valoir. Il résolut, comme par le passé, de ne compter que sur lui-même. Il se procura alors des moyens d'existence en montant des usines et des machines et en donnant des conseils pour corriger les défauts de machines et d'outillages en mouvement.

C'est à cette époque qu'il travailla au perfectionnement de son système pour réaliser l'économie du combustible dans les foyers fumivores et qu'il conçut le projet de se procurer, au moyen de son exploitation, les fonds nécessaires pour arriver à la mise à exécution de ses autres découvertes.

En 1859, ayant définitivement trouvé la formule théorique et pratique de la combustion complète, il vendit ce qui lui restait de ses outillages et brisa ses modèles, notamment celui précité de sa locomotive rotative. Il était assuré, de la sorte, que ses découvertes ne lui seraient pas ravies avant l'époque à laquelle il pourrait les exploiter.

En 1862, il réinstalla à Guise (Aisne) l'usine

agrandie de M. Godin-Lemaire. Ce bel établissement de fonderie et de manufacture d'appareils et meubles de chauffage et de cuisine, est le premier de France dans sa spécialité.

Enfin, en 1863, M. Potel commença à exploiter sérieusement son système de fumivorité.

En ce moment, une QUARANTAINE DE MANUFACTURES ET D'USINES ont eu leurs fourneaux montés par ses soins. *Il y a donc des faits publics accomplis, qui établissent la valeur réelle de son système.* M. Potel se trouve une quatrième fois sur la route de la fortune. Puisse-t-il être heureux, et voir enfin sa persévérance et ses travaux récompensés par le succès.

Jusqu'ici cet ingénieur a traité de la sorte. Il s'engage, avec MM. les Propriétaires et les Directeurs d'usines et de fabriques, *à leur faire réaliser* 15 *p.* 0/0 *de bénéfice*, AU MOINS, *sur le combustible dépensé par les fourneaux qu'ils emploient.* EN CAS D'INSUCCÈS, *il doit remettre, à ses frais, les lieux dans leur état primitif.* AU CAS DE RÉUSSITE, *il demande, comme prime*, 1/3 *de la valeur du combustible que son système a fait économiser pendant la première année.*

Les certificats délivrés à M. Potel prouvent que ce n'est pas 15, mais 20 et 30 p. 0/0 que son système fait économiser de combustible [17], selon le degré de perfectionnement des systèmes de foyers qu'il est appelé à remplacer.

J'ai vu, dans ses cartons, de nombreux plans de fourneaux et de foyers appliqués à tous les genres connus. Plusieurs sont très-intéressants, notamment ceux pour brasseries anglaises et françaises, ceux destinés aux bateaux omnibus faisant le service sur la Tamise, et ceux proposés pour l'hôtel de la Monnaie de Londres, de M. de Rothschild pour l'affinage de l'or et de l'argent.

Que les travaux de M. Potel à la Monnaie de Londres soient couronnés de succès, comme cela n'est pas douteux, et l'on verra encore l'invention d'un Français revenir prônée d'Angleterre en France. Ce qui est certain, c'est que le système fumivore de notre hôtel des Monnaies de Paris, bien qu'il soit celui généralement adopté dans plusieurs établissements publics, est loin d'être économique et qu'il ne détruit qu'imparfaitement les flammèches ou noir de fumée; or cet *incommodo* reste atteint par la nouvelle législation du 25 janvier 1865, puisque « l'*appareil fumivore* n'est plus *d'une efficacité suffisante*[2], » en présence du système de M. Potel, qui donne des foyers qui brûlent *complétement* leur fumée.

Enfin, j'ai particulièrement remarqué, dans ses cartons, les plans des foyers de chaudières de teinturerie de la grande fabrique de châles de M. Hennequin. Cet établissement se trouve, en effet, à Bohain, dans la ville que j'habite actuellement. J'ai pu voir fonctionner les foyers avant et après l'application du système de M. Potel. J'ai pu constater la disparition de la fumée qui incommodait le voisinage et qui salissait les laines dans les ateliers. M. E. Alliot, directeur de ce bel établissement, a délivré un certificat attestant que le calorifère, la cheminée d'appartement et les six chaudières de teinture qu'il avait montés « fonctionnent à son entière satisfaction et remplissent les conditions promises (22 mai 1864). »

C'est donc parce que j'ai pu me convaincre, *de visu*, des avantages réalisés par le système fumivore de M. Potel que j'ai essayé de lui venir en aide en écrivant ce mémoire en sa faveur.

Je mentionnerai, enfin, que son système fait brûler, sans qu'ils subissent de préparation, des combustibles de qualités inférieures que l'industrie ne pouvait employer avantageusement, malgré leurs prix réduits de revient : houilles, lignites, anthracites et tourbes de rebuts, menus et poussières de charbons, etc. Il y aura donc encore, de ce côté, une nouvelle économie réalisée.

La note 18 est le prospectus que M. Potel va faire paraître, qui résume et expose les avantages que présente son système de foyers fumivores et économiques.

VIII

VŒUX POUR L'APPLICATION DANS LA MARINE DES SYSTÈMES DE FUMIVORITÉ ET DE MÉCANIQUE DE M. POTEL.

Ancien officier supérieur d'infanterie de la marine, tout ce qui touche aux intérêts de la marine continue naturellement de m'être cher et de m'intéresser vivement. Qu'il me soit donc permis de souhaiter que le système de M. Potel pour l'économie du combustible soit essayé plus tôt que plus tard dans nos arsenaux et sur nos navires; c'est-à-dire qu'il fasse réaliser de notables économies au budget de la marine.

Jusqu'à ces dernières années, notre flotte, situation anormale, n'était approvisionnée qu'avec des *charbons anglais* presque à l'exclusion des charbons français! Elle l'est aujourd'hui complétement avec les produits de nos mines. Quelle que soit la question que l'on traite, concernant les intérêts de la marine, l'on doit signaler d'heureux et utiles changements apportés à la situation par S. E. le marquis de Chasseloup-Laubat au mieux du développement de notre grandeur maritime.

Je n'ai pu trouver, dans les documents statistiques publiés, la quantité de charbon de terre que consomment annuellement la marine marchande et les messageries impériales ; mais la dépense de combustible des services maritimes des messageries doit être très-considérable, par suite du grand nombre de paquebots au long cours qui sillonnent toutes les mers.

Les approvisionnements généraux des arsenaux et de la flotte s'élèveraient, dit-on, pour le combustible à environ 210,000 tonneaux de charbon de terre ou 6,300,000 à 7,300,000 fr., au prix de 30 à 35 fr. le tonneau. En admettant l'exactitude de ces chiffres, que M. Potel fasse économiser 25 à 30 p. 0/0, ce serait une somme de 1,700,000 à 2,000,000 de fr., AUJOURD'HUI DÉPENSÉE EN PURE PERTE, qui pourrait être reportée sur des dépenses utiles.

Nul doute que, lorsque M. Potel aura été connu dans le département de la marine par de tels résultats, sa machine rotative et ses dispositions d'hélices ne soient essayées sur nos navires de guerre et sur nos paquebots-poste.

Quel serait le montant des économies qu'il pourrait faire réaliser dans les autres ministères, celui de la guerre particulièrement ? Je n'ai pas de données suffisantes pour l'apprécier ; mais le chiffre en serait certainement très-élevé, car *le système fumivore de M. Potel s'applique*, je le répète, *à tous les genres de fourneaux, de foyers, de cheminées, de poêles et de chaudières, les hauts-fourneaux exceptés, et son système mécanique, donnant directement tous les mouvements et pouvant être arrêté instantanément, se prête à tous les genres et à toutes les grandeurs de machines, qu'elles soient à demeure, locomobiles ou locomotives.*

Il existe, je l'ai dit, un grand nombre d'appareils fumivores et de systèmes mécaniques. Je ne citerai pas les plus connus, car je ne puis vouloir les déprécier nommément ni me livrer à leur analyse; mais je relaterai le fait général qu'aucun d'eux, que je sache, ne présente ces grands résultats pratiques qui élèvent une découverte à la hauteur d'une question d'économie publique, et qu'aucun d'eux ne peut rivaliser avec ceux de M. Potel. Cet ingénieur, en effet, présente un programme complet d'économies considérables à réaliser par l'État et par les particuliers sur le combustible et sur la main-d'œuvre.

Tous moyens propres à venir en aide aux besoins de l'industrie et à ceux de l'agriculture, à ces derniers surtout, doivent être accueillis et examinés. Les bras désertent les campagnes pour les villes : les bras manquent à la terre. Le moment paraît arrivé où il devient indispensable de les remplacer par ces machines ingénieuses qui ont porté si haut la puissance industrielle de notre époque.

Le libre échange l'a définitivement emporté sur le

système protectionniste : son triomphe est complet. Le gouvernement ne doit donc intervenir dans la grande lutte des intérêts privés (bien qu'ils forment l'intérêt public), qu'en mettant le plus possible les différents moyens de transport, par terre et par eau, à la portée des producteurs et des consommateurs ; et en encourageant, comme il le fait, les inventions et les découvertes qui procurent au travail des prix plus rémunérateurs par une meilleure entente de fabrication ou par une réduction de frais généraux.

Que ses découvertes soient encouragées, c'est-à-dire ESSAYÉES, tel est mon vœu pour M. Potel. Il ne faut juger certaines découvertes que par leurs résultats expérimentés, et non pas, de prime abord par la théorie contestable que, par analogie, on leur applique. La science enregistre dans ses manuels les faits acquis, les formules des nouvelles découvertes expérimentées. Elle empêche l'esprit humain de revenir en arrière : c'est le taquet du cric. Mais, comme lui, elle ne donne pas le mouvement en avant. Ce mouvement, c'est l'œuvre de l'esprit secondé par le génie ou par le hasard : *c'est la découverte.*

Bohain, le 10 février 1865.

TEXTOR DE RAVISI.

NOTES ET DOCUMENTS DIVERS

1.

Le néopantomètre, instrument de géodésie et de topographie, suivi de studia et stadia-alidades, par TEXTOR DE RAVISI, chevalier de la Légion d'honneur, sous-lieutenant au 3e régiment d'infanterie de la marine, et F. S. SÉCRÉTAN, tourneur-mécanicien et fabricant d'instruments de mathématiques.

Brevet d'invention, sans garantie du Gouvernement, n° 3262, pour 15 ans de durée à partir du 26 juin 1846.

2.

Les citations indiquées par le numéro 2 sont extraites du magnifique rapport que S. Exc. M. Armand Béhic, ministre de l'Agriculture, du commerce et des travaux publics, a adressé à l'Empereur, pour lui faire agréer le décret du 25 janvier 1865, qui « *ouvre pour l'industrie une ère de liberté et de progrès, tout en satisfaisant dans la mesure du nécessaire à ce qu'exige la sûreté publique.* »

3.

Extrait du décret impérial du 25 janvier 1865, sur la fabrication et l'établissement des machines et chaudières à vapeur.

ARTICLE 1er. Sont soumises aux formalités et aux mesures prescrites par le présent décret, les chaudières fermées destinées à produire la vapeur, autres que celles qui sont placées à bord des bateaux.

Article 2. Aucune chaudière neuve ou ayant déjà servi ne peut être livrée par celui qui l'a construite, réparée ou vendue, qu'après avoir subi l'épreuve ci-après.....

Article 10. Les chaudières à vapeur destinées à être employées à demeure ne peuvent être établies qu'après une déclaration au préfet du département.....

Article 12. Les chaudières sont distinguées en trois catégories.

Cette classification est basée sur la capacité de la chaudière et sur la tension de la vapeur.....

Article 18. Les conditions d'emplacement établies par les articles 14 et 17 cessent d'être obligatoires, lorsque les tiers intéressés renoncent à s'en prévaloir.

Article 19. Le foyer des chaudières de toute catégorie doit brûler sa fumée.

Un délai de six mois est accordé pour l'exécution de la disposition qui précède aux propriétaires de chaudières auxquels l'obligation de brûler leur fumée n'a point été imposée par l'acte d'autorisation.

Article 22. Sont considérées comme locomobiles les machines à vapeur qui peuvent être transportées facilement d'un lieu à un autre, n'exigent aucune construction pour fonctionner sur un point donné, et ne sont effectivement employées que d'une manière temporaire à chaque station.

Article 23. Les chaudières des machines locomobiles sont soumises aux mêmes épreuves et munies des mêmes appareils de sûreté que les générateurs établis à demeure.....

Article 24. Le fonctionnement des locomobiles sur la voie publique est régi par les règlements de police locaux.

Article 25. Les machines à vapeur locomotives sont celles qui, sur terre, travaillent en même temps qu'elles se déplacent par leur propre force.

Article 26. Les dispositions de l'article 23 sont applicables aux chaudières des machines locomotives.

Article 27. La circulation des locomotives sur les chemins de fer a lieu dans les conditions déterminées par des règlements d'administration publique.

Un règlement spécial fixera s'il y a lieu, les conditions relatives à la circulation des locomotives sur les routes autres que les chemins de fer.

Article 28. Les ingénieurs des mines ou, à leur défaut, les ingénieurs des ponts et chaussées, ainsi que les agents sous leurs ordres, commissionnés à cet effet, sont chargés, sous la direction des préfets et avec le concours des autorités locales, de la surveillance relative à l'exécution des mesures prescrites par le présent décret.

Article 29. Les contraventions seront constatées et réprimées conformément à la loi du 21 juillet 1856, sans préjudice de la responsabilité civile que les contrevenants peuvent encourir aux termes des articles 1382 et suivants du Code Napoléon.

Article 34. L'ordonnance royale du 22 mars 1843, relative aux machines et chaudières à vapeur autres que celles qui sont placées sur les bateaux à vapeur, est rapportée.

Signé Napoléon.

4.

Ces deux citations[1], et les trois extraits ci-après, sont tirés de la *Situation de l'industrie houillère en* 1863, *par* M. Am. Burat.

Ce remarquable travail élucide la grande question houillère par des faits et chiffres éloquents.

5.

Les importations en combustibles minéraux ont été, en 1863 :

	QUANTITÉS. Quintaux métriques.	VALEUR. Francs.
Houilles importées. . . .	46,815,116	85,203,511
Cokes importés.	6,527,476	14,360,447
Total des importations.	53,342,592	99,563,958
Production indigène. . .	100,000,000	117,500,000
	153,342,592	217,063,958

6.

Les importations de houilles étrangères ont été, pour l'année 1863 :

HOUILLE IMPORTÉE.

	QUANTITÉS. Quintaux métriques.	VALEUR. Francs.
Angleterre	12,048,214	21,927,749
Belgique	27,891,655	50,762,812
Allemagne.. . . .	6,858,639	12,482,723
Divers	16,608	30,227
Total. .	46,815,116	85,203,511

Quantités auxquelles on doit ajouter l'importation des cokes, qui a été :

COKES IMPORTÉS EN 1863.

	QUANTITÉS. Quintaux métriques.	VALEUR. Francs.
Angleterre.. . . .	61,671	135,236
Belgique.	4,359,348	9,590,565
Allemagne.. . . .	2,106,507	4,634,315
Divers.	150	331
Total. .	6,527,676	14,260,447

7.

Les houillères françaises livrent aux consommateurs 10 millions de tonnes au prix moyen de 11 fr. 75 c. la tonne.

Les importations étrangères livrent 5,300,000 tonnes au prix moyen de 18 fr. 50 c. la tonne.

L'intérêt du pays est donc d'encourager les exploitations indigènes qui se vendent à meilleur marché.

Mais si nos mines produisent à meilleur marché, pourquoi laissent-elles pénétrer dans le pays plus de 5,000,000 de tonnes de houilles étrangères?

Parce que nos voies de transport ne sont ni assez perfectionnées, ni assez économiques.

8.

Voir à ce sujet le *Guide pratique du constructeur d'appareils économiques de chauffage (édition 1864), de* M. PIERRE FLAMM.

Les cinq extraits ci-après sont tirés de cet excellent ouvrage, qui a justement pour épigraphe : « Trois sources d'économie de combustibles. »

9.

Carbone.	7,800	unités.
Oxyde de carbone.	3,354	
Hydrogène pur.	23,640	
Hydrogène bi-carboné.	12,032	
Hydrogène proto-carboné.	13,203	
Bois séché artificiellement.	3,600	
Bois séché à l'air.	2,750	
Tourbe.	5,000	
Liquide parfaite.	5,900	
Liquide imparfaite.	4,900	
Houille grasse.	7,830	
Houille maréchal.	7,649	
Houille brûlant à longue flamme. . . .	7,395	
Houille sèche.	6,556	

10.

La valeur intrinsèque d'un combustible quelconque est en raison de sa puissance calorique, qui est égale à la chaleur que la quantité de carbone y renferme, et augmentée de celle qui résulte de hydrogène en excès, produit par la combustion. Elle est désignée par des unités calorifiques.

11.

Composition de la houille :

Hydrogène		5 parties.
Gaz composé de carbone	18	20
— d'hydrogène	2	
Carbone renfermé dans le coke		60
Azote, soufre, oxygène et cendres		15
		100 parties.

Il faudrait donc fournir dans le *foyer* pour la combustion du gaz contenu dans le kil. de houille, savoir :

Pour les 5 parties d'hydrogène	1mc 333 d'air.
Pour les 18 parties de carbone combiné	1 586
Pour les 2 parties d'hydrogène	0 533
Total	3 452

Et, en même temps par la grille, pour la parfaite combustion du coke, renfermant :

60 parties	5mc 286 d'air.
On a un volume total d'air de	8.738 litres.

Car on peut admettre que 1 kilog. de houille dégage 0m.225 litres de gaz, ayant besoin de 2,250 à 2,700 litres d'air atmosphérique, selon la composition du gaz. Le coke restant et pesant environ 0k550 exige pour sa combustion parfaite de 4,500 à 5,400 litres d'air atmosphérique.

12.

Les fluides volatils résultant après la combustion parfaite et se dégageant par la cheminée, constituent la *fumée* proprement dite. Elle est composée, à peu de chose près, d'azote, de vapeur d'eau, d'acide carbonique et d'air atmosphérique, qui sont tous des corps incombustibles. On ne doit pas la confondre avec les fluides noirs, ou quelquefois brunâtres que lancent souvent les cheminées, et désignés vulgairement, mais improprement par le nom de *fumée*; car celle-ci contient, en outre des gaz dénommés, une grande quantité de corps combustibles, notamment de carbone (auquel est due la couleur foncée) ayant échappé dans le foyer, par une cause quelconque, à la combinaison avec l'oxygène, par suite de manque ou d'excès d'air atmosphérique; ce qui constitue par conséquent une grande perte.

13.

Le résultat du dernier concours des chauffeurs par la *Société industrielle d'Amiens*, auquel douze d'entre trente-deux candidats ont été admis à concourir, après avoir subi un examen préalable, est une preuve éclatante que le savoir-faire et l'adresse de celui qui doit desservir l'appareil influent considérablement sur le résultat à obtenir. L'épreuve consistait à chauffer pendant 13 heures 45 minutes une chaudière à vapeur à bouillons avec de la houille *tout venant* de Mons, donnant 8 1/2 p. 100 de cendres. Tous les candidats ont successivement fait leur travail pendant le même nombre d'heures, au même appareil et avec la même quantité de combustible. La quantité de vapeur produite pour chacune indiquait la grandeur de l'effet utile obtenu. La différence entre le meilleur et le plus médiocre de cette élite de chauffeurs a été de 33 p. 100 environ: aussi le rapporteur du concours dit judicieusement :

« *Ainsi un industriel qui brûle par an pour 10,000 fr. de charbon, et il en est beaucoup dans ce cas-là, peut, sur ce chapitre, gagner ou perdre 3 à 4000 fr., suivant qu'il a un bon ou un mauvais chauffeur.* »

14.

Les fourneaux fumivores sont ceux qui sont disposés de manière à faire passer la fumée dans le foyer pour la brûler.

Les foyers ou fourneaux fumivores ne peuvent produire beaucoup d'avantages que quand on doit brûler à la fois une assez grande quantité de combustible.

(*Extrait de la Dynamic de M. le baron* CH. DUPUIS, *édition* 1826.)

15.

La loi anglaise le voulait ainsi, le système de M. Potel reposant sur deux points : principes nouveaux et perfectionnements de dispositions connues.

16.

Extrait du numéro du 27 août 1864, du Journal l'Illustration.

LE COFFRE A QUATRE CORNES

« ..... La question de notre flotte cuirassée préoccupe l'attention publique. La presse, pour répondre à l'intérêt qui s'attache à cette grave question, enregistre sans cesse tout ce qui s'y rapporte. Il me paraît donc intéressant d'attirer l'attention sur la structure d'un petit poisson, le COFFRE A QUATRE CORNES, que j'ai rapporté de Karikal (Indes orientales). Puisse un homme de l'art y trouver des éléments propres à concourir à la solution du difficile problème qui est pendant : *Quel est le meilleur type à adopter pour les navires cuirassés et blindés?* La nature a été, est et sera toujours notre grand maître en toutes choses.

« Le coffre à quatre cornes (*ostracion cornutus* ou *ostracion quadrangularis aculeis*), est le modèle le plus parfait que présente la nature des bâtiments cuirassés et blindés mus par l'hélice et la vapeur. Il peut, également, devenir un modèle pour des bâtiments de guerre sous-marins.

« TEXTOR DE RAVISI. »

17.

Le certificat suivant est le premier qui a été délivré à M. Potel : il doit, à ce titre, trouver place ici.

« Je certifie que les deux foyers de mes générateurs, montés dans mon usine sur le système de M. Potel, ingénieur, depuis le mois d'août 1863, me donnent une économie de 20 p. 100 en moyenne et suppriment les 4/5 de la fumée.

« Saint-Quentin, le 7 mai 1864.

« *Signé :* BIEL,

« Apprêteur de tissus en tous genres. »

Ce certificat est complété par le suivant.

« Je soussigné déclare que M. Potel ayant ajouté des dispositions complémentaires aux foyers de mes générateurs, son système de fumivorité me donne une économie de 25 p. 100 au lieu de 20 p. 100 et supprime complétement la fumée, au lieu des 4/5. On ne voit un peu de fumée qu'au moment d'allumer les fourneaux.

« Cette nouvelle application fonctionne depuis le 25 janvier dernier.

« Saint-Quentin, le 15 Février 1865.

« *Signé :* BIEL. »

18.

Foyers fumivores et économiques du système Potel, ingénieur, à Saint-Quentin, rue des Glatiniers, 38. Breveté s. g. d. g. en France et à l'étranger.

Mon système est simple et s'applique facilement, avec très-peu de frais, à tous les genres de fourneaux employés dans l'industrie, ainsi qu'à la navigation à vapeur, aux foyers domestiques sans exception, aux calorifères, etc.

Les avantages sont une économie de 15 à 30 0/0 sur le combustible actuellement dépensé, selon les foyers plus ou moins perfectionnés que mon procédé est appelé à remplacer, et sur la quantité du combustible, quelle qu'en soit la provenance, tout en augmentant le tirage desdits foyers existants.

Les coups de feu aux générateurs sont anéantis, tout en obtenant une plus grande force et allégeant le travail des chauffeurs.

L'*incommodo*, qu'atteint la nouvelle législation du 25 janvier 1865, se trouve par mon système entièrement supprimé, attendu que tous les gaz et flammèches produits par la combustion sont totalement détruits; par conséquent les hautes cheminées ne sont plus nécessaires.

Comme hygiène, dans les appareils domestiques, tous les gaz asphyxiants sont détruits par la combustion; quelle que soit l'odeur du combustible employé, aucune émanation ne se répand dans les appartements.

Comme propreté et sécurité, plus d'incendie de cheminée, attendu qu'il n'y a plus de suie, et qu'il n'y a que des cendres à nettoyer.

Plusieurs usines, fabriques et foyers domestiques fonctionnent depuis deux ans; ce sont autant de faits acquis et sanctionnés par la pratique.

Quant aux conditions, elles varient suivant l'importance des usines ou appareils.

TABLE

—

Paris. — Imprimerie P.-A. Bourdier et Cie, rue des Poitevins, 6.

Paris. — Imprimerie de P.-A Bourdier et Cie, rue des Poitevins, 6.

www.ingramcontent.com/pod-product-compliance
Lightning Source LLC
LaVergne TN
LVHW012006160826
845678LV00002B/695

* 9 7 8 2 3 2 9 6 6 9 3 4 2 *